Matherad 2

Trainingsheft

Nina Fiedel-Gellenbeck
Alma Tamborini

Wiederholung

Datum:

1 Verbinde.

Verliebte Zahlen	Tausch-aufgabe	Zwerg und Riese	Verdopplung	Halbieren

14 – 7 =	20 – 8 =	16 – 3 =	18 – 9 =
16 – 4 =	8 + 8 =	2 + 8 =	3 + 15 =
10 – 8 =	4 + 4 =	14 + 3 =	6 + 6 =
15 – 4 =	0 + 20 =		

Datum:

2

+	5	7	2
9			
7			
3			

–	0	2	4
16			
13			
11			

–	5	10	6
16			
14			
20			

Datum:

3

+	6		4
7		9	
		10	
9			

+	3	0	
		15	
11			15
12			

–	12		4
	8		
18			
16		8	

Wiederholung

Datum:

4

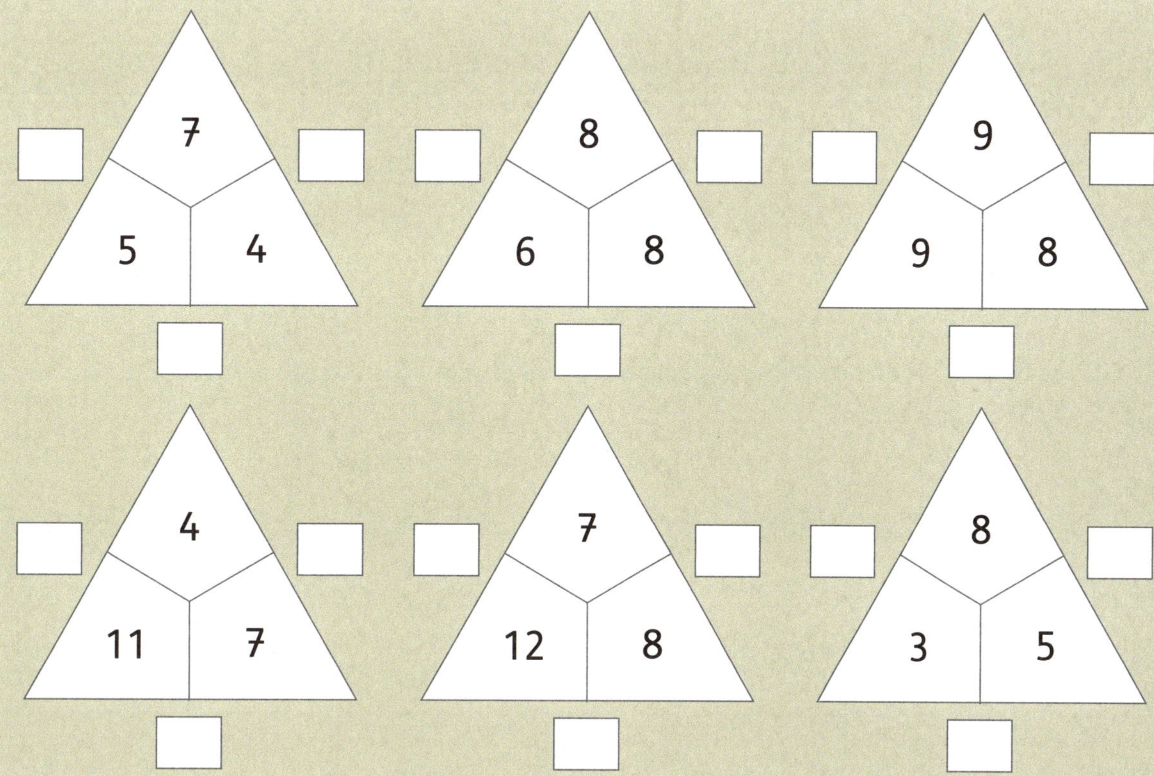

Datum:

5 Rechne Rechendreiecke mit schwierigen Zahlen.

Wiederholung

Datum:

6

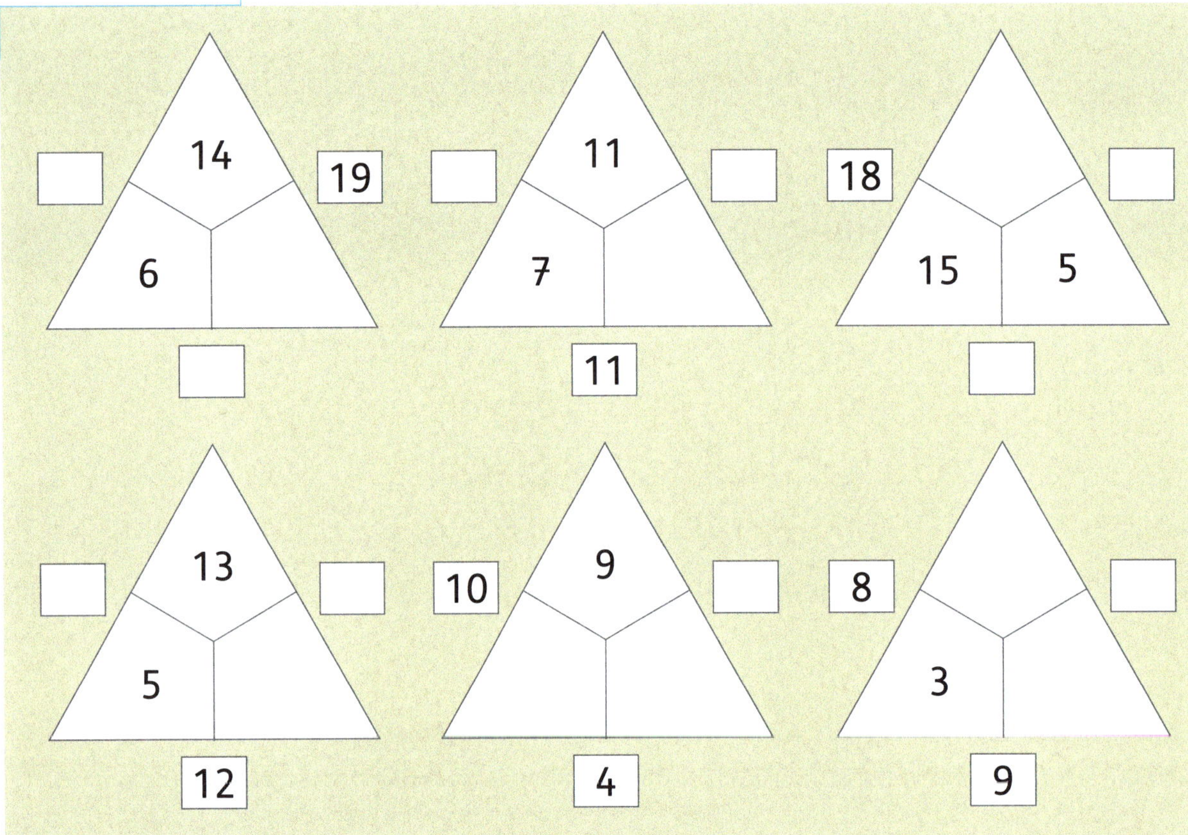

Datum:

7

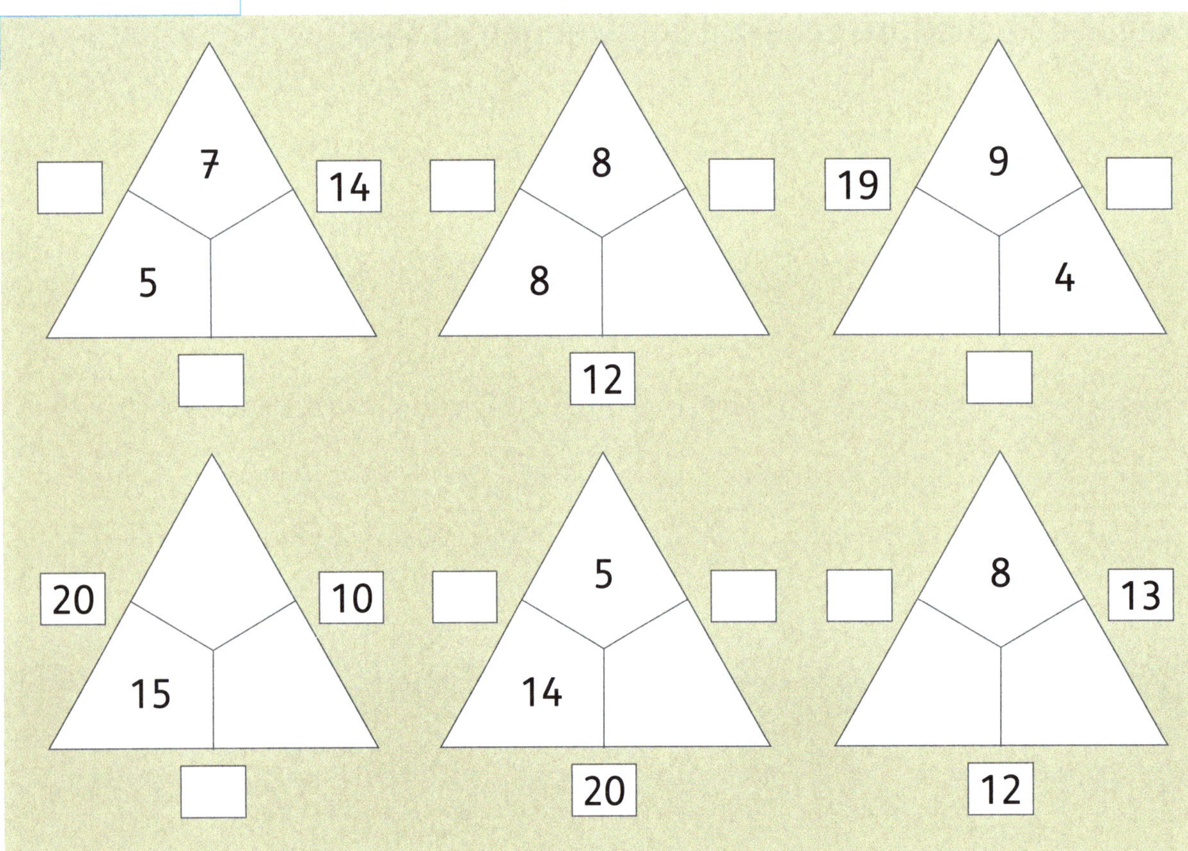

Zehner und Einer

Datum:

8

Es sind ☐ Zehnerketten.
Es sind ☐ einzelne Perlen.

Es sind ☐ Zehnerketten.
Es sind ☐ einzelne Perlen.

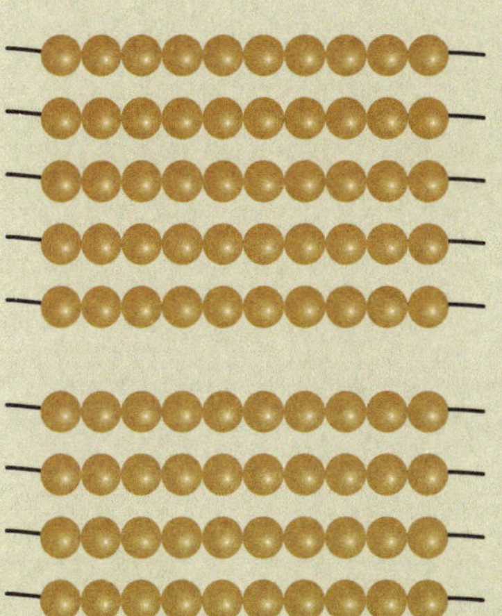

Es sind ☐ Zehnerketten.
Es sind ☐ einzelne Perlen.

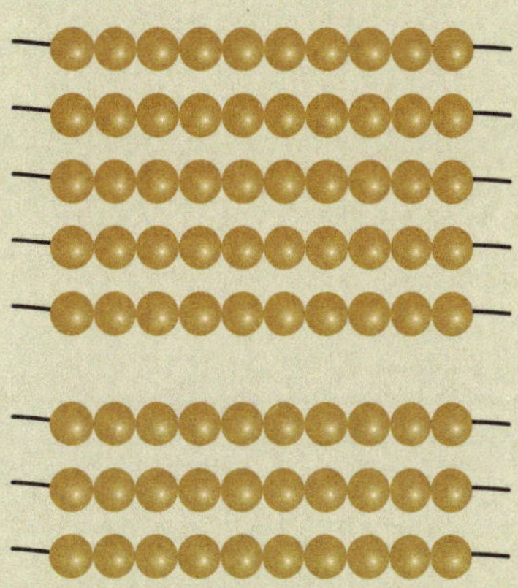

Es sind ☐ Zehnerketten.
Es sind ☐ einzelne Perlen.

Es ist ☐ Zehnerkette.
Es sind ☐ einzelne Perlen.

Es sind ☐ Zehnerketten.
Es sind ☐ einzelne Perlen.

Zehner und Einer

Datum:

9

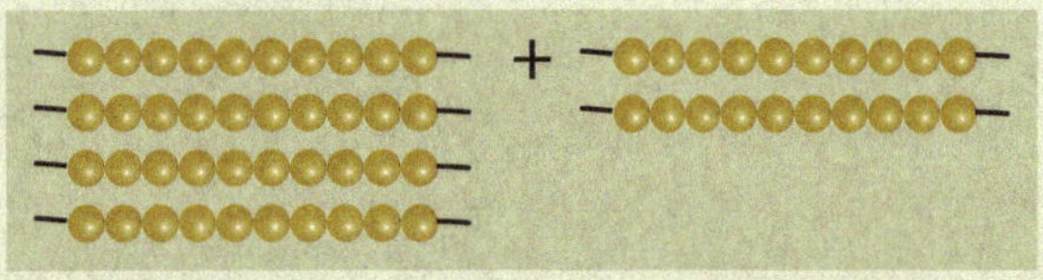

□ Z + □ Z
□ + □

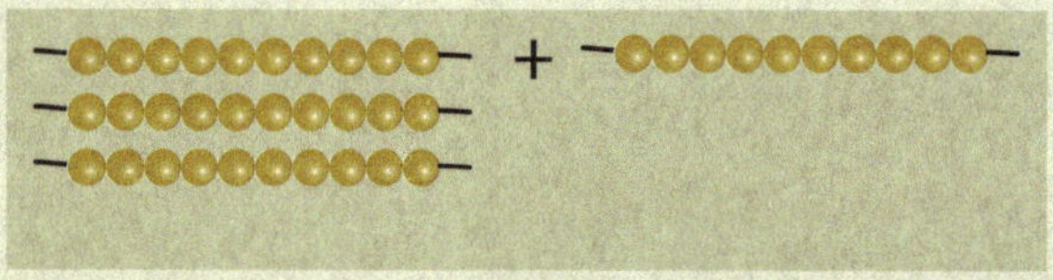

□ Z + □ Z
□ + □

Datum:

10

70 + 20 = □	40 + 30 = □	□ + □ = □
7 Z + 2 Z = □	□ Z + □ Z = □	2 Z + 6 Z = □
50 + 30 = □	10 + 60 = □	□ + □ = □
5 Z + 3 Z = □	□ Z + □ Z = □	6 Z + 2 Z = □
10 + 80 = □	0 + 50 = □	□ + □ = □
1 Z + 8 Z = □	□ Z + □ Z = □	3 Z + 7 Z = □

Datum:

11

30 − 20 = □	50 − 40 = □	□ − □ = □
□ Z − □ Z = □	□ Z − □ Z = □	4 Z − 3 Z = □
70 − 20 = □	80 − 50 = □	□ − □ = □
□ Z − □ Z = □	□ Z − □ Z = □	6 Z − 5 Z = □
90 − 10 = □	90 − 40 = □	□ − □ = □
□ Z − □ Z = □	□ Z − □ Z = □	9 Z − 7 Z = □

Datum:

12 Setze fort. Schreibe so:

1	Z	=	1	0	
2	Z	=			

Zehner und Einer

Datum:

13

Zehner	Einer

Zehner	Einer

Zehner	Einer

Zehner	Einer

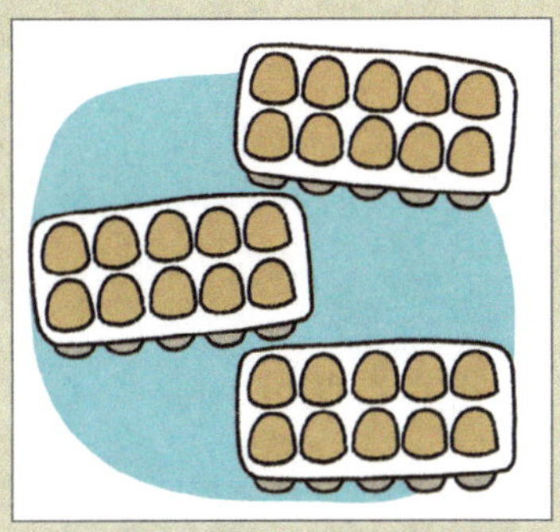

Zehner	Einer

Zehner	Einer

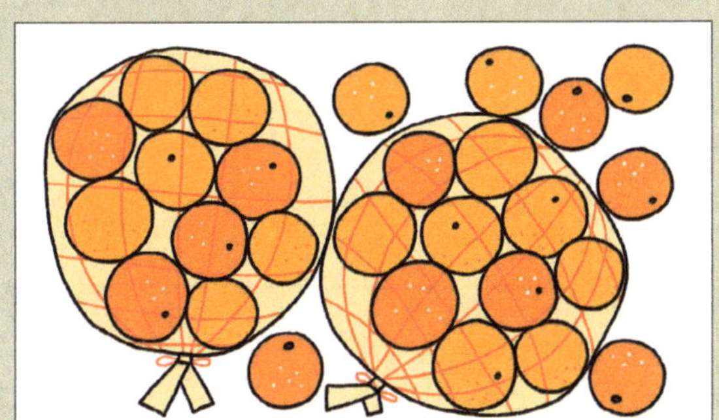

Zehner	Einer

Zehner	Einer

Zehner und Einer

Datum:

14

Z	E

Z	E

Z	E

Z	E

Z	E

Zehner und Einer

Datum:

15

Z	E

Z	E

Z	E

Z	E

Datum:

16 Löse die geheime Schrift, um das Schloss zu öffnen.

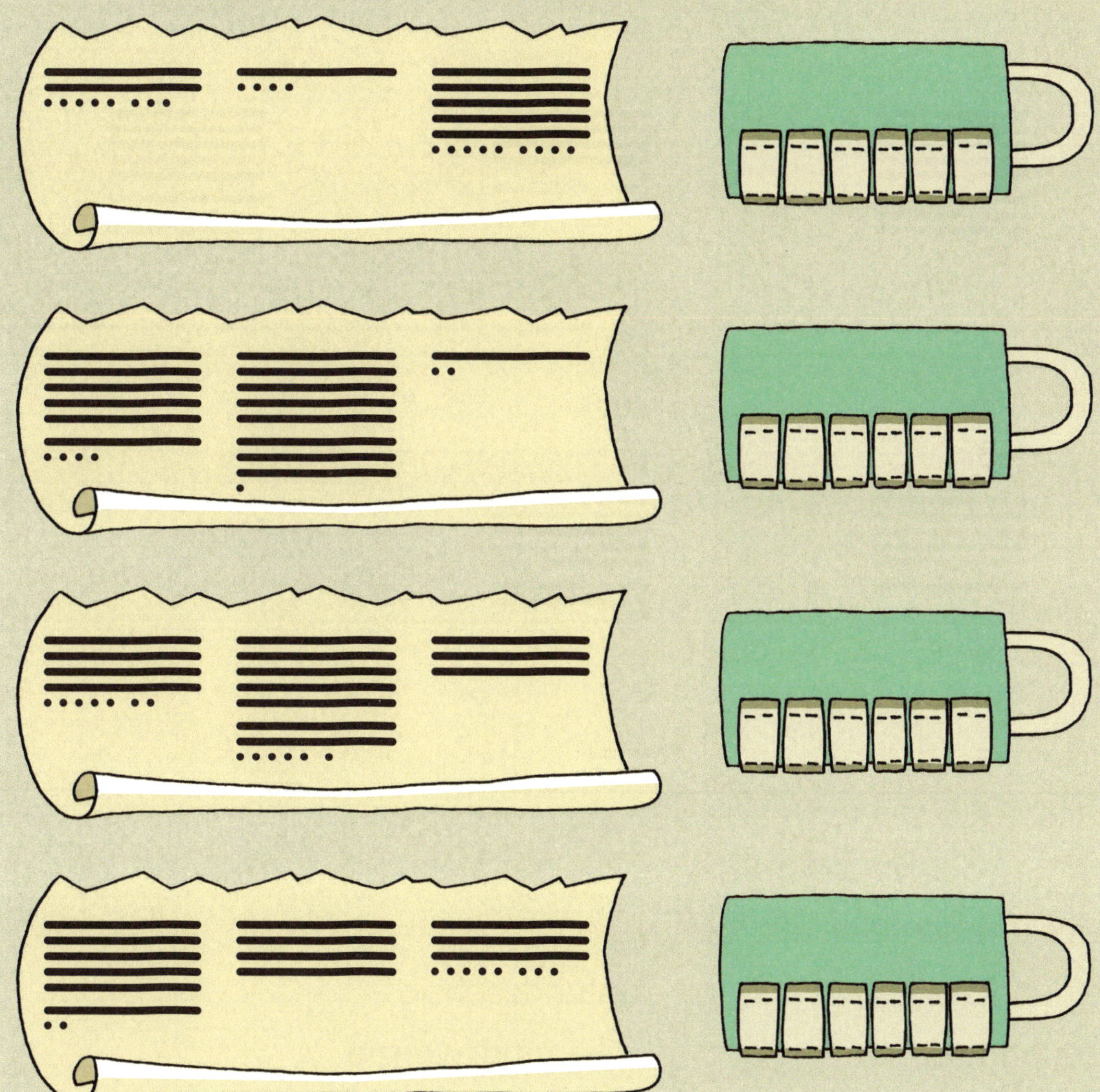

Zehner und Einer

Datum:

17 Zeichne die Zahlen in Geheimschrift. Benutze ein Lineal.

13, 36, 47, 73, 85

61, 28, 59, 92, 100

Datum:

18

23

2 3 = 2 0 + 3

Datum:

19 Lies und schreibe als Zahl.

einunddreißig

dreiundachtzig

zweiundvierzig

fünfundsechzig

siebenundzwanzig

neunundsiebzig

Zahlenreihe

Datum:

20

31					53				
76					65				
				100					47
				42					84

Datum:

21

32	34								
70	72								
57	59								
46	44								
99	97								
63	61								

Zahlenreihe

Datum:

22

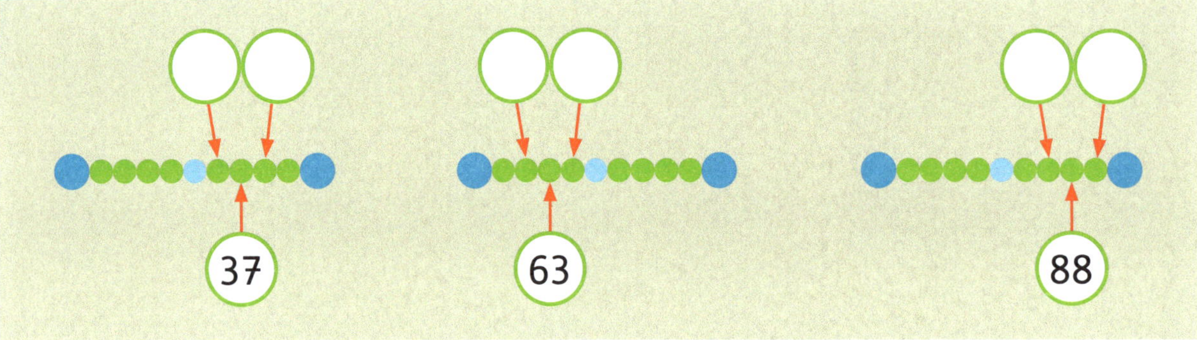

Datum:

23

V	Z	N
	24	
	67	
	55	
	36	

V	Z	N
	41	
	86	
	73	
	58	

V	Z	N
	32	
	68	
	97	
	84	

V	Z	N
50		52
62		64
75		77
34		36

V	Z	N
80		
37		
		93
73		

V	Z	N
	17	
59		
		70
		90

Datum:

24

>, <, = ?

27	☐	72	47	☐	54	30	☐	3	43	☐	43
96	☐	69	92	☐	92	65	☐	69	7	☐	71
53	☐	35	18	☐	81	82	☐	88	97	☐	79

Zahlenreihe

Datum:

25

VZ	Z	NZ
	37	
	53	
	61	
	29	

VZ	Z	NZ
	72	
	16	
	45	
	88	

VZ	Z	NZ
20		30
70		80
40		
		90

Datum:

26 Ordne der Größe nach. Beginne mit der kleinsten Zahl.
Schreibe so: 2 1 < 2 3 <

30	23	43	57	21	63
47	37	77	87	17	57
96	69	63	36	24	42
70	37	73	65	56	7

Datum:

27 Zähle in Schritten.

Hunderterfeld

Datum:

28 Male alle Einerfelder grün an.
Male die Felder mit 5 Einern hellblau und die Felder der Zehnerzahlen dunkelblau an.

Datum:

29 Trage alle geraden Zahlen ein.

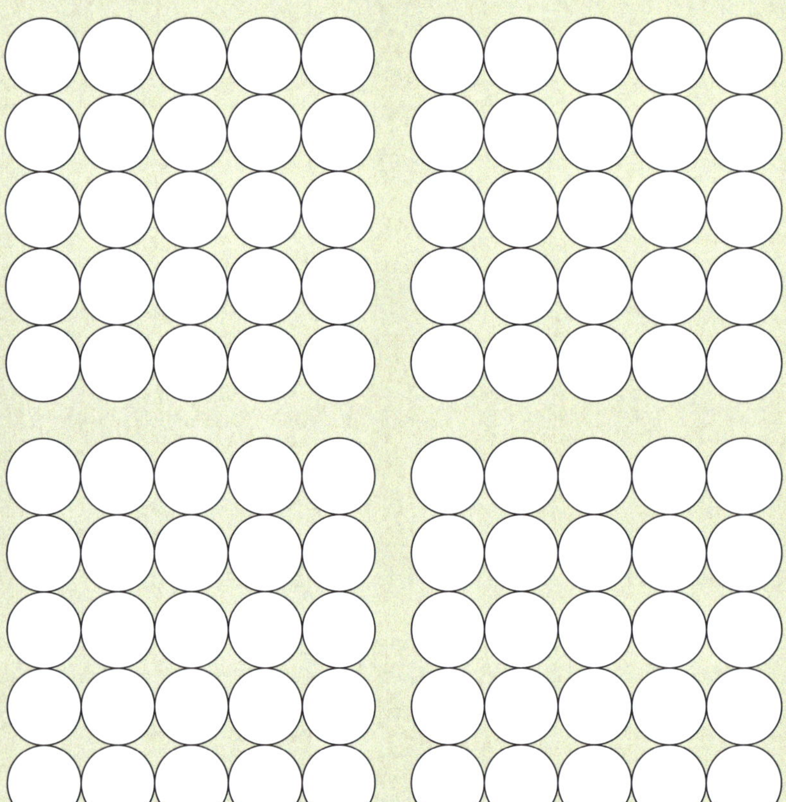

Hunderterfeld

Datum:

30 Welche Zahlen haben sich hier versteckt?
Schreibe die Zahlen auf.

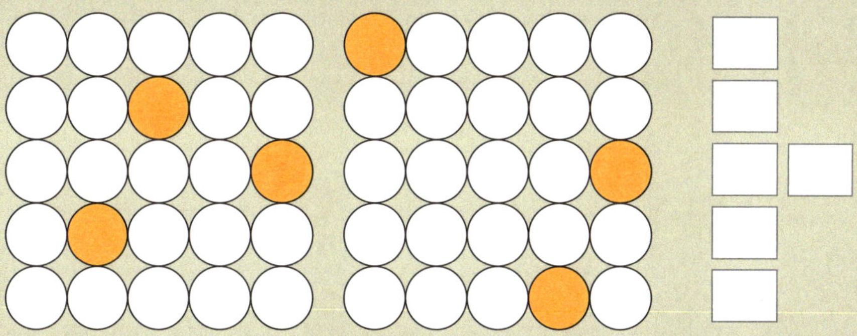

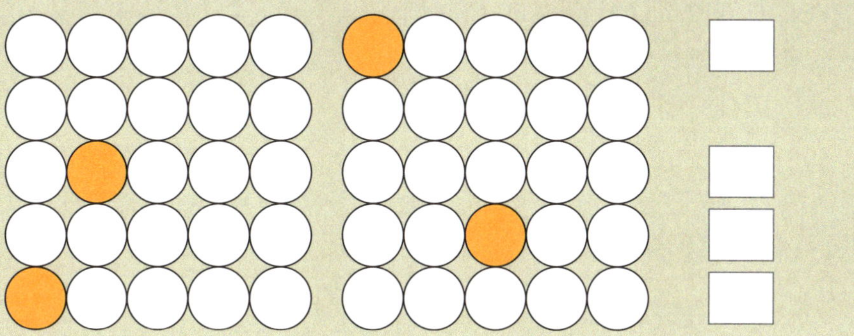

Datum:

31 Welche Zahlen haben sich hier versteckt?
Schreibe die Zahlen auf.

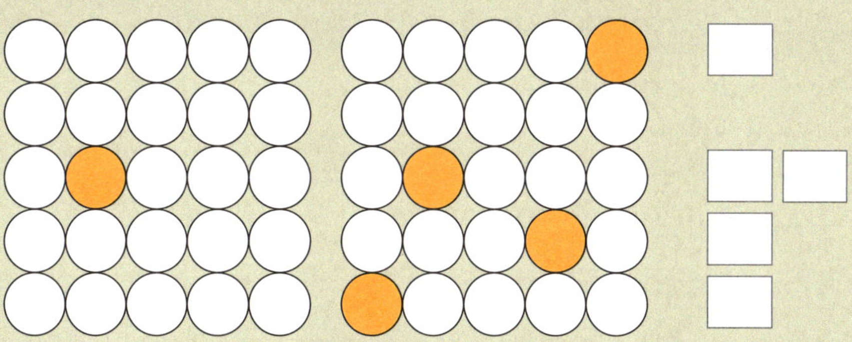

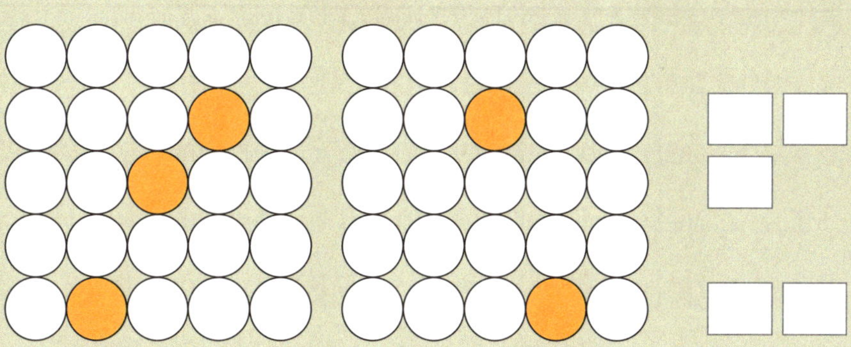

Hunderterfeld

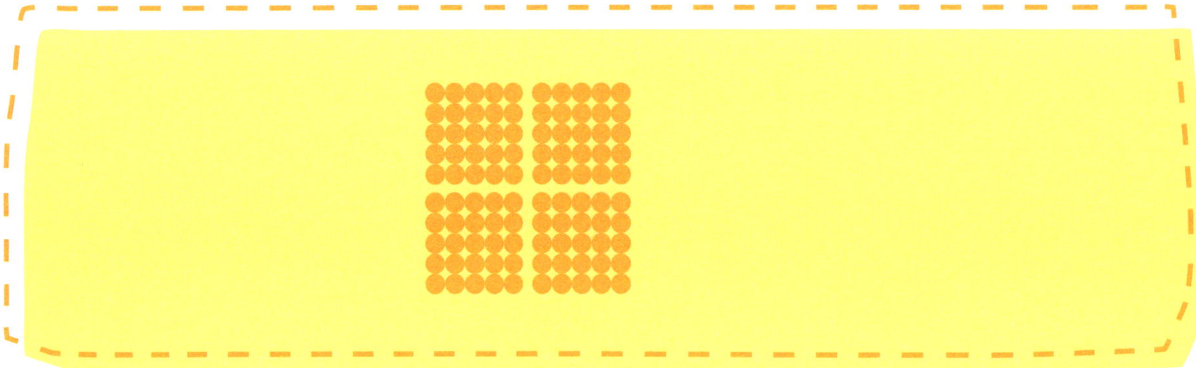

Datum:

32 Wo stehst du? Schreibe die Zahl auf.

Du stehst auf der 20 und gehst 10 Schritte vor: ☐

Du stehst auf der 34 und gehst 10 Schritte vor: ☐

Du stehst auf der 78 und gehst 20 Schritte vor: ☐

Du stehst auf der 35 und gehst 30 Schritte vor: ☐

Du stehst auf der 12 und gehst 50 Schritte vor: ☐

Du stehst auf der 50 und gehst 20 Schritte zurück: ☐

Du stehst auf der 90 und gehst 80 Schritte zurück: ☐

Datum:

33 Wo stehst du? Schreibe die Zahl auf.

Du stehst auf der 10 und gehst 2 Einer vor: ☐

Du stehst auf der 42 und gehst 7 Einer vor: ☐

Du stehst auf der 71 und gehst 1 Zehner und 3 Einer vor: ☐

Du stehst auf der 23 und gehst 4 Zehner und 5 Einer vor: ☐

Du stehst auf der 34 und gehst 5 Zehner und 6 Einer vor: ☐

Du stehst auf der 78 und gehst 3 Zehner und 4 Einer zurück: ☐

Du stehst auf der 90 und gehst 7 Zehner und 5 Einer zurück: ☐

Hunderterfeld

Datum:

34

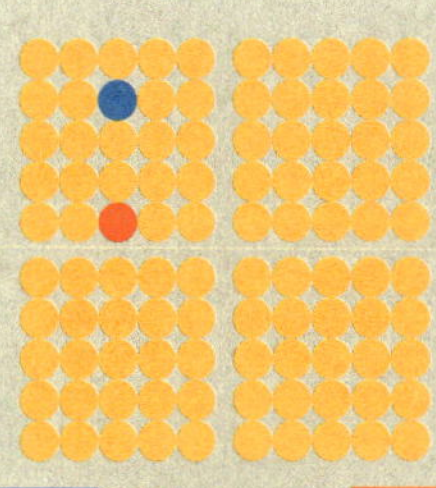

☐ + 30 = ☐

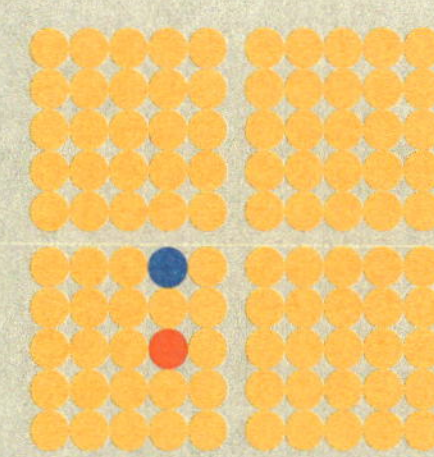

☐ + 20 = ☐

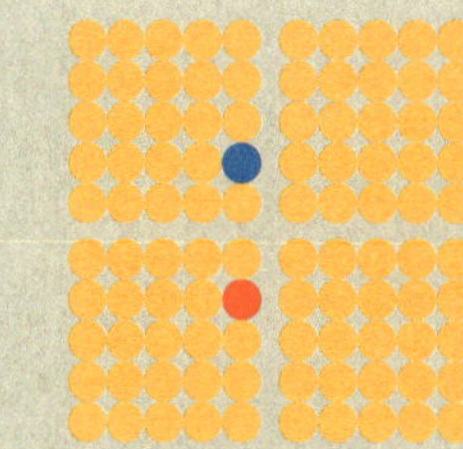

☐ + 30 = ☐

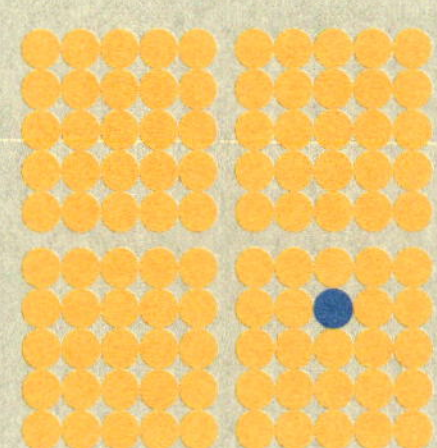

☐ + 10 = ☐

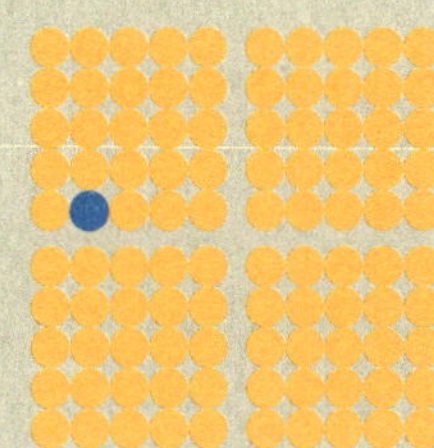

☐ + 40 = ☐

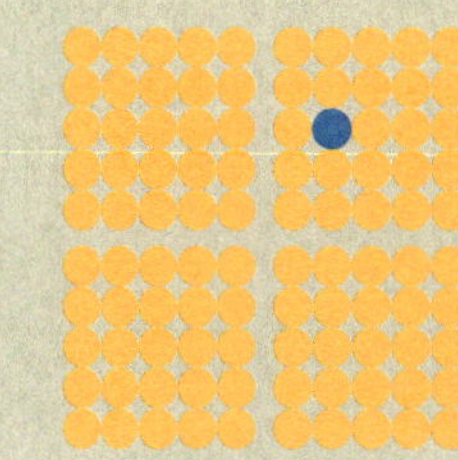

☐ + 50 = ☐

Datum:

35

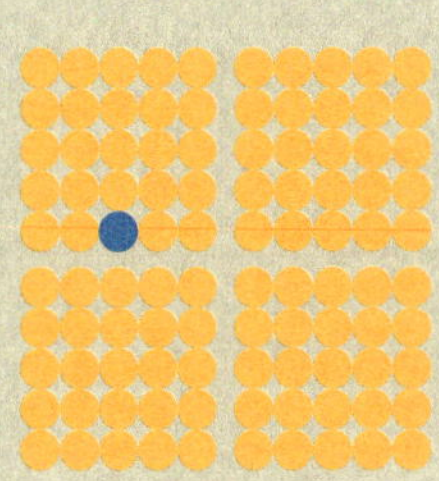

☐ − 10 = ☐

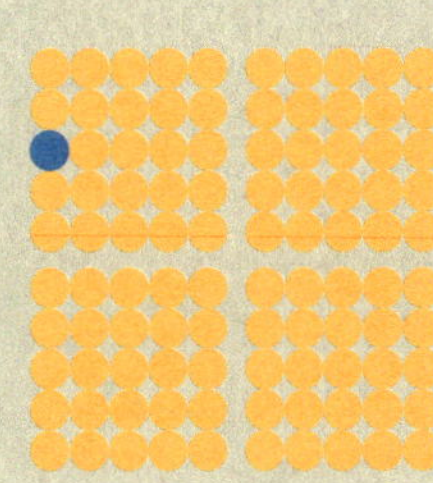

☐ − 10 = ☐

☐ − 10 = ☐

☐ − 20 = ☐

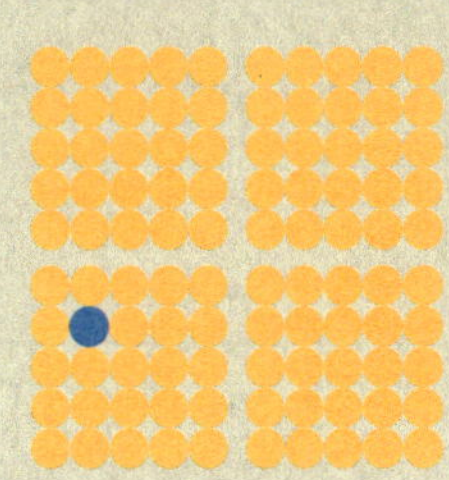

☐ − 30 = ☐

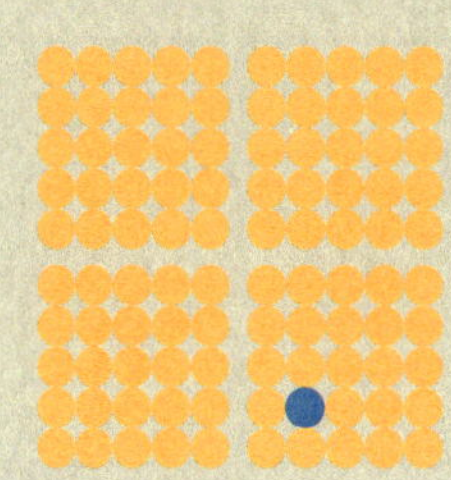

☐ − 80 = ☐

Datum:

36

Schreibe alle Zahlen mit 8 Einern auf.
Schreibe alle Zahlen mit 6 Zehnern auf.

Zehnerzahlen addieren

Datum:

1 Ergänze zur 100.

80 + ☐ = 100

40 + ☐ = 100

90 + ☐ = 100

30 + ☐ = 100

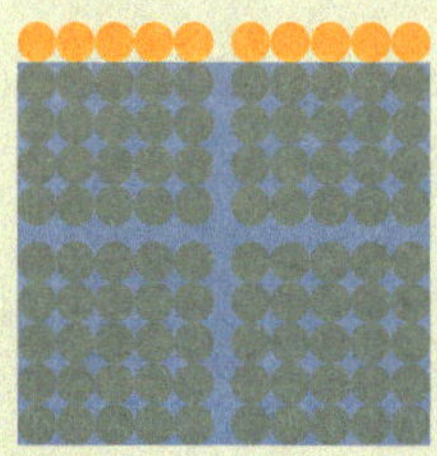

10 + ☐ = 100

100 + ☐ = 100

Datum:

2 Zerlege in Zehnerzahlen.

20
+
+
+

40
+
+
+
+
+

60
+
+
+
+
+
+
+

90
+
+
+
+
+
+
+
+
+
+

Zehnerzahlen addieren

Datum:

3

Name	Annika	Suzana	Tiago
1. Wurf			
2. Wurf			
3. Wurf			
Punkte			

Datum:

4 Trage die Namen der Kinder ein.

Marta hat im 1. Wurf die niedrigste Punktzahl.

Meike hat im 3. Wurf weniger Punkte als Marta, aber mehr als Steve geworfen. Steve gewinnt.

Name			
1. Wurf	30	10	40
2. Wurf	40	0	10
3. Wurf	20	40	30
Punkte			

Datum:

5

+	20	70	40
10			
20			
30			

+	30	20	10
70			
50			
20			

+	50	30	20
20			
40			
50			

Datum:

6 Denke dir 15 Zahlen aus und ergänze bis zum nächsten Zehner.

Datum:

7 Rechne zuerst bis zum Zehner.

25 + 8
25 + ☐ + ☐ = ☐

45 + 7
☐ + ☐ + ☐ = ☐

75 + 9
☐ + ☐ + ☐ = ☐

37 + 6
☐ + ☐ + ☐ = ☐

84 + 7
☐ + ☐ + ☐ = ☐

73 + 8
☐ + ☐ + ☐ = ☐

59 + 5
☐ + ☐ + ☐ = ☐

35 + 6
☐ + ☐ + ☐ = ☐

22 + 9
☐ + ☐ + ☐ = ☐

Datum:

8 Rechne zuerst bis zum Zehner.

47 + 8
☐ + ☐ + ☐ = ☐

42 + 9
☐ + ☐ + ☐ = ☐

69 + 8
☐ + ☐ + ☐ = ☐

49 + 6
☐ + ☐ + ☐ = ☐

85 + 6
☐ + ☐ + ☐ = ☐

26 + 9
☐ + ☐ + ☐ = ☐

ZE + E

Datum:

9 Rechne geschickt.

45 +2 +5 = ☐ | 76 +2 +4 = ☐

5 +25 +5 = ☐ | 9 +7 +53 = ☐

84 +6 +5 = ☐ | 1 +3 +29 = ☐

4 +56 +8 = ☐ | 67 +7 +3 = ☐

2 +38 +7 = ☐ | 0 +2 +90 = ☐

Datum:

10 Zuerst zur Zehn

58 + 4 = ☐
58 + 2 + 2 = ☐

39 + 3 = ☐
☐ + ☐ + ☐ = ☐

26 + 5 = ☐
☐ + ☐ + ☐ = ☐

48 + 6 = ☐
☐ + ☐ + ☐ = ☐

44 + 7 = ☐
☐ + ☐ + ☐ = ☐

74 + 9 = ☐
☐ + ☐ + ☐ = ☐

87 + 8 = ☐
☐ + ☐ + ☐ = ☐

63 + 9 = ☐
☐ + ☐ + ☐ = ☐

Datum:

11 Rechne. Schreibe deinen Rechenweg auf.

78 + 3	37 + 5	67 + 6	15 + 9
89 + 4	86 + 7	46 + 8	23 + 8

Datum:

12 Rechne erst die Zwergaufgabe.

37 + 2 =	7 + 2 =
46 + 2 =	+ =
76 + 3 =	+ =
41 + 8 =	+ =
51 + 4 =	+ =
83 + 5 =	+ =
91 + 6 =	+ =
24 + 4 =	+ =
35 + 4 =	+ =
62 + 7 =	+ =

Datum:

13 Schreibe möglichst viele Riesenaufgaben mit diesen Zahlen auf.
Rechne immer erst die Zwergaufgabe.

43	6	62	54	36
5	4	2	71	83

43 + 6 =

Datum:

14 Rechne die Aufgaben in deinem Heft.
Kreuze an, welche Aufgaben du mit dem Trick „Zwerg- und Riesenaufgaben“ lösen kannst.

- ☐ 54 + 3
- ☐ 68 + 7
- ☐ 23 + 4
- ☐ 21 + 6
- ☐ 77 + 2
- ☐ 63 + 9
- ☐ 46 + 7
- ☐ 32 + 7
- ☐ 78 + 6
- ☐ 86 + 2
- ☐ 91 + 8
- ☐ 85 + 9

Datum:

15 Denke dir 12 Plusaufgaben aus. Das Ergebnis soll 59 sein.
Schreibe sie auf.

Datum:

16 Rechne und setze fort.

62 + 3 = ☐	28 + 5 = ☐	71 + 2 = ☐
63 + 3 = ☐	27 + 6 = ☐	73 + 3 = ☐
64 + 3 = ☐	26 + 7 = ☐	75 + 4 = ☐
☐ + ☐ = ☐	☐ + ☐ = ☐	☐ + ☐ = ☐
☐ + ☐ = ☐	☐ + ☐ = ☐	☐ + ☐ = ☐

Datum:

17 Denke dir 12 Aufgaben aus, die man mit dem Trick „Zwerg- und Riesenaufgaben“ rechnen kann.

Datum:

18 Rechne die Aufgaben in deinem Heft. Kreuze an, welche Aufgaben du mit dem Trick „Tauschaufgaben“ lösen kannst. Schreibe diese Aufgaben getauscht in dein Heft.

☐ 3 + 81	☐ 91 + 6	☐ 4 + 73
☐ 47 + 5	☐ 3 + 46	☐ 3 + 66
☐ 32 + 7	☐ 1 + 98	☐ 34 + 2
☐ 5 + 45	☐ 42 + 0	☐ 6 + 23
☐ 3 + 65	☐ 64 + 2	☐ 89 + 0

Datum:

19 Schreibe 15 Aufgaben auf, die du mit dem 9er-Trick löst.

Datum:

20

34	83	76	41	89	27	52	+	5	9	2	7	3

Bilde Riesenaufgaben.

Bilde Aufgaben, die du mit dem 9er-Trick lösen kannst.

Bilde Aufgaben, die über den Zehner gehen.

Bilde Aufgaben, deren Ergebnis eine Zehnerzahl ist.

Datum:

21 Rechne geschickt.

42 — +5 — +8 — +5 — +3 — +9 — +7 — +4 — +1 — =

54 — +9 — +6 — +7 — +1 — +4 — +6 — +3 — +5 — =

59 — +8 — +1 — +9 — +4 — +2 — +6 — +7 — +3 — =

18 — +7 — +4 — +9 — +7 — +6 — +2 — +3 — +8 — =

20 — +8 — +9 — +7 — +2 — +1 — +3 — +4 — +9 — =

Datum:

22

+	9	5	2
18			
34			
78			

+	4	7	9
66			
49			
52			

+	37	29	68
7			
4			
6			

+		9	8
25	30		
			80
57			

+	6	5	
		84	
88			
46			53

+	43		87
	52		
8		45	
			90

Datum:

23 Ergänze zur 100.

94 + ☐ = 100	49 + ☐ = 100	71 + ☐ = 100
98 + ☐ = 100	86 + ☐ = 100	83 + ☐ = 100
78 + ☐ = 100	53 + ☐ = 100	64 + ☐ = 100
51 + ☐ = 100	31 + ☐ = 100	56 + ☐ = 100
39 + ☐ = 100	43 + ☐ = 100	47 + ☐ = 100
15 + ☐ = 100	34 + ☐ = 100	28 + ☐ = 100
38 + ☐ = 100	12 + ☐ = 100	36 + ☐ = 100

Datum:

24

100		100		100	
42			70	24	
100		100		100	
65			57	19	
100		100		100	
7			73	81	
100		100		100	
29			92	18	

Datum:

25 Finde 15 Aufgaben, bei denen du bis zur 50 ergänzt.

Datum:

26 Rechne. Schreibe deinen Rechenweg auf.

75 + 19	36 + 59	48 + 23	66 + 28
67 + 28	37 + 55	62 + 29	17 + 69
63 + 18	26 + 45	48 + 43	34 + 47
38 + 14	27 + 34	39 + 23	18 + 46

Datum:

27 Rechne. Schreibe deinen Rechenweg auf.

87 + 13	76 + 15	55 + 36	56 + 37
39 + 53	24 + 28	82 + 18	39 + 58
43 + 39	64 + 27	45 + 36	34 + 59
73 + 18	27 + 29	47 + 37	57 + 25

Datum:

28 Rechne. Schreibe deinen Rechenweg auf.

45 + 37	22 + 67	34 + 48	56 + 25
63 + 28	36 + 25	46 + 29	27 + 54
78 + 18	46 + 36	53 + 38	72 + 19
23 + 69	27 + 54	62 + 29	54 + 38

Datum:

29 Rechne. Schreibe deinen Rechenweg auf.

67 + 25	78 + 13	84 + 16	17 + 49
46 + 37	39 + 32	23 + 56	16 + 35
27 + 68	34 + 38	57 + 38	49 + 22
65 + 26	23 + 49	58 + 34	34 + 47

ZE + ZE

Datum:

30 Verdopple.

15	35	42	45	13	16	25	18	12	47

Datum:

31 Rechne und setze fort.

42 + 39 = ☐ 11 + 66 = ☐ 64 + 36 = ☐
44 + 37 = ☐ 22 + 55 = ☐ 66 + 34 = ☐
46 + 35 = ☐ 33 + 44 = ☐ 68 + 32 = ☐
☐ + ☐ = ☐ ☐ + ☐ = ☐ ☐ + ☐ = ☐
☐ + ☐ = ☐ ☐ + ☐ = ☐ ☐ + ☐ = ☐

Datum:

32 Rechne und setze fort.

26 + 67 = ☐ 16 + 16 = ☐ 45 + 18 = ☐
36 + 57 = ☐ 17 + 17 = ☐ 45 + 28 = ☐
46 + 47 = ☐ 18 + 18 = ☐ 45 + 38 = ☐
☐ + ☐ = ☐ ☐ + ☐ = ☐ ☐ + ☐ = ☐
☐ + ☐ = ☐ ☐ + ☐ = ☐ ☐ + ☐ = ☐

Datum:

33 Welche Zahl muss ich zu 28 addieren, um 53 zu erhalten?

☐

Ich addiere zu 16 die 26. Das Ergebnis verdopple ich. Wieviel muss ich ergänzen, um 100 zu erreichen?

☐

Datum:

34

23
70 14

15
62 17

70
27 12

37
40 17

65
12 19

46
45 12

Datum:

35

8
12 81

12
25 67

51
45 13

17
11 73

6
11 49

24
2 49

Datum:

36 Rechne halbschriftlich.

68 + 17	54 + 28	59 + 29
58 + 37	74 + 18	19 + 39
38 + 27	24 + 68	49 + 19
18 + 47	44 + 48	39 + 49
28 + 57	24 + 38	29 + 69

Datum:

37 Rechne halbschriftlich.

35 + 35	19 + 19	18 + 18
27 + 27	38 + 38	28 + 28
48 + 48	26 + 26	17 + 17
29 + 29	46 + 46	37 + 37
49 + 49	47 + 47	36 + 36

Datum:

38 Finde möglichst viele Aufgaben mit dem Ergebnis 42.

Datum:

39 Rechne geschickt.

37 + 19	45 + 27	77 + 18
40 + 28	36 + 29	37 + 28
37 + 45	57 + 19	48 + 46
59 + 26	27 + 36	29 + 38
19 + 45	38 + 21	36 + 18

Datum:

40 Denke dir 15 Zahlen aus. Rechne jede Zahl plus 16.

Datum:

41

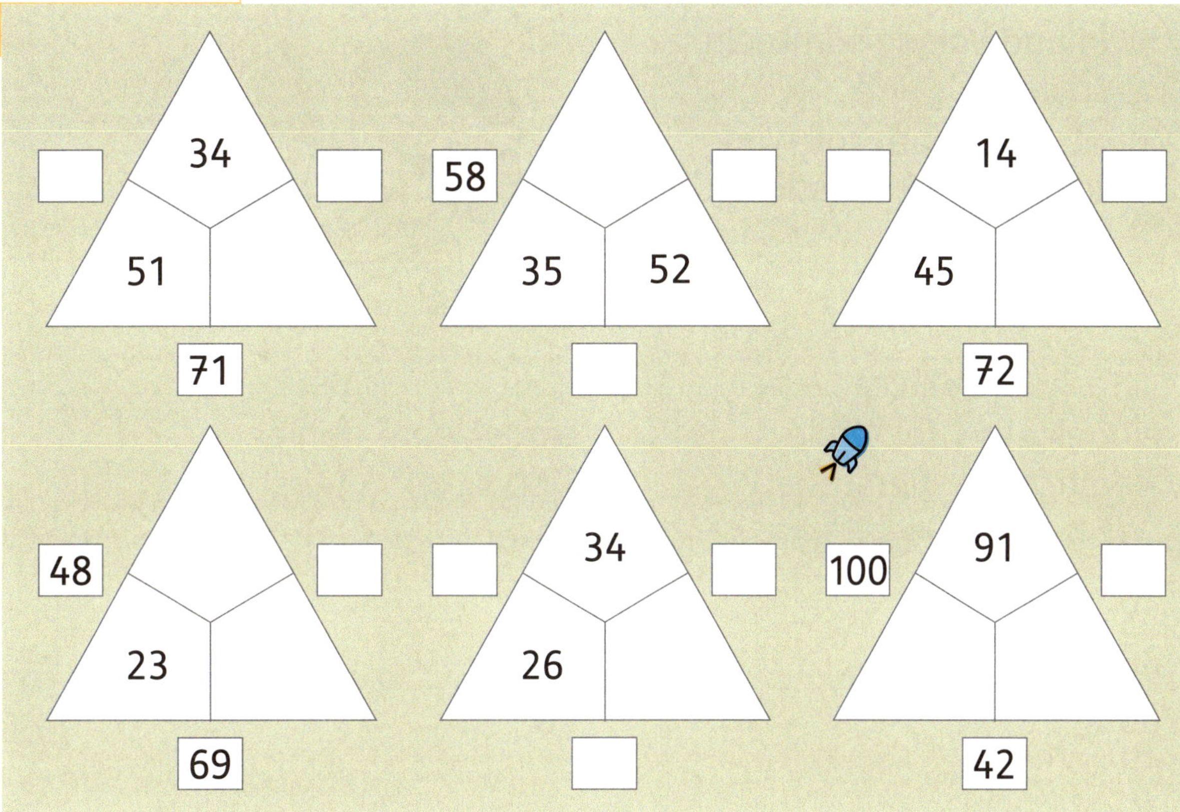

Datum:

42

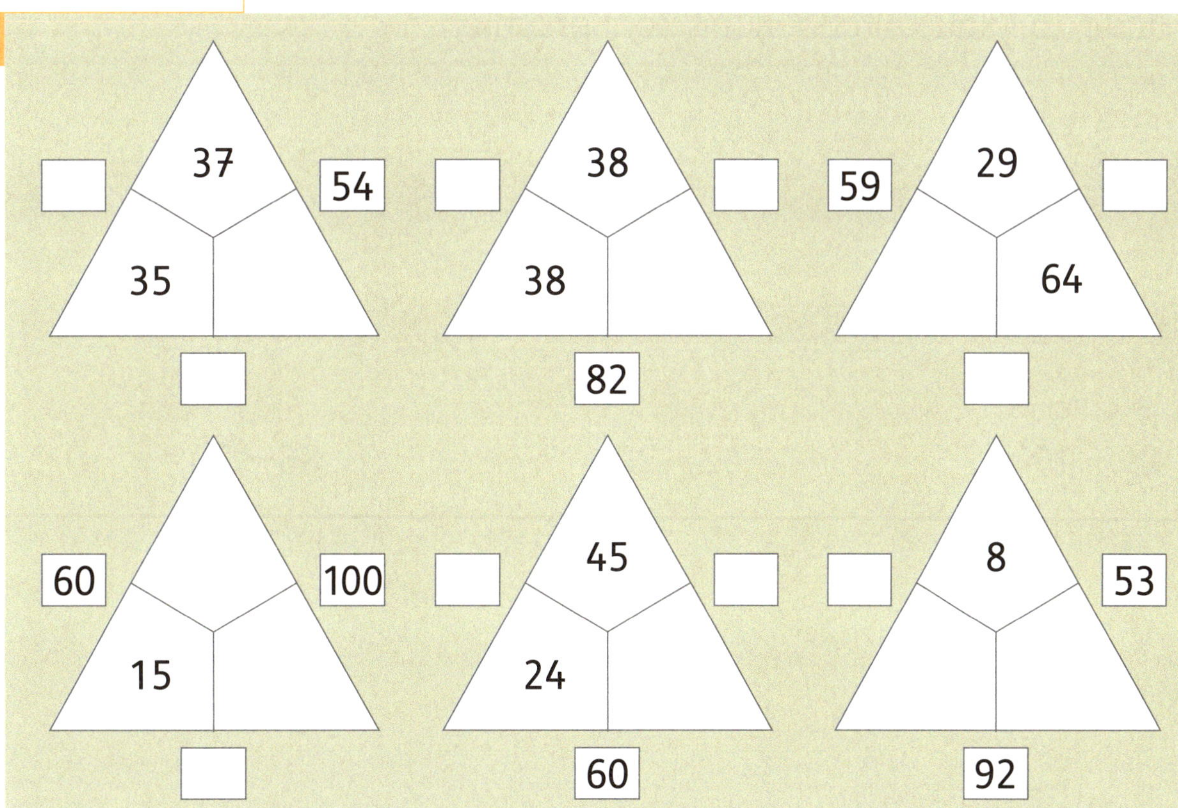

Zehnerzahlen subtrahieren

Datum:

1 Olivia und Valerio sammeln Tiersticker.
Damit das Album voll wird, brauchen sie 80 Tiersticker.

Olivia	
eingeklebte Tiersticker	fehlende Tiersticker
0	80 – 0 =
10	
30	
60	

Valerio	
eingeklebte Tiersticker	fehlende Tiersticker
20	
40	
50	
70	

Datum:

2 Finde 15 Minusaufgaben mit Zehnerzahlen.

Datum:

3

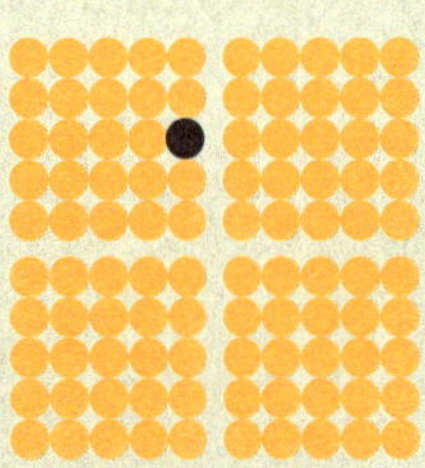

25 – 10 = ☐

42 – 20 = ☐

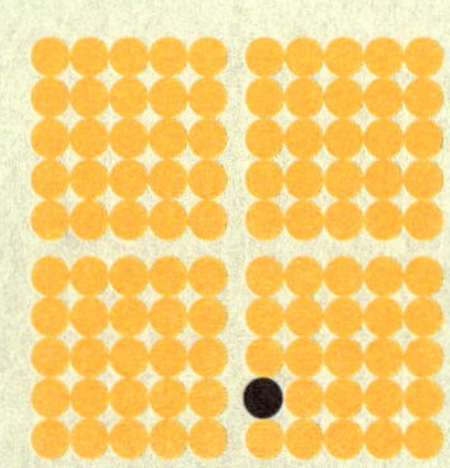

86 – 50 = ☐

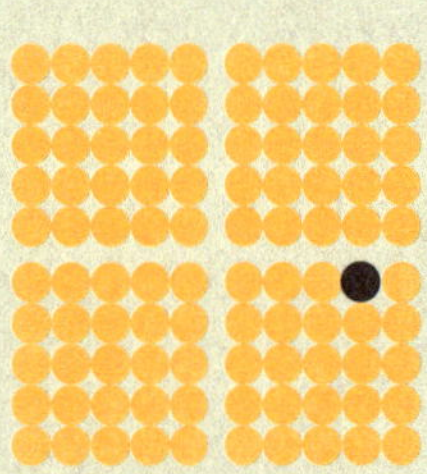

59 – 30 = ☐

57 – 50 = ☐

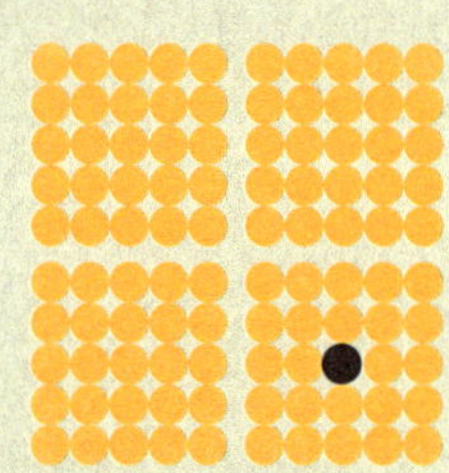

78 – 40 = ☐

Zehnerzahlen subtrahieren

Datum:

4 Rechne.

65 – 10	51 – 20	74 – 40
48 – 30	95 – 80	54 – 30
34 – 10	32 – 30	92 – 60
68 – 50	85 – 70	53 – 50
79 – 30	59 – 40	99 – 40

Datum:

5

–	20		40
			20
80		50	
70			

–		20	10
70			
		30	
100	70		

–	40	30	
90			
40			20
		60	

Datum:

6

–	10	50	30
63			
92			
78			

–	10	20	0
57			
64			
32			

–	40	30	20
98			
75			
41			

Datum:

7 Niklas hat 72 Fußballbilder. Finn hat 20 Fußballbilder weniger.
Wie viele Fußballbilder hat Finn?

Datum:

8 Denke dir 15 Zahlen aus. Nimm von jeder Zahl 20 weg.

Datum:

9 Rechne erst die Zwergaufgabe.

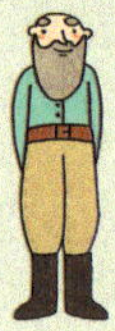

93 – 2 = ___
28 – 5 = ___
36 – 4 = ___
85 – 3 = ___
49 – 8 = ___
77 – 5 = ___
58 – 7 = ___
67 – 6 = ___
89 – 9 = ___

___ – ___ = ___
___ – ___ = ___
___ – ___ = ___
___ – ___ = ___
___ – ___ = ___
___ – ___ = ___
___ – ___ = ___
___ – ___ = ___
___ – ___ = ___

Datum:

10 Schreibe möglichst viele Riesenaufgaben mit diesen Zahlen auf.
Rechne immer erst die Zwergaufgabe.

47 85 78 56 69

5 3 4 2 6

Datum:

11 Rechne die Aufgaben in deinem Heft.
Kreuze an, welche Aufgaben du mit dem Trick „Zwerg- und Riesenaufgaben“ lösen kannst.

☐ 54 – 3	☐ 77 – 7	☐ 78 – 6
☐ 68 – 10	☐ 63 – 0	☐ 86 – 2
☐ 29 – 4	☐ 46 – 40	☐ 91 – 50
☐ 21 – 10	☐ 39 – 5	☐ 85 – 4

Datum:

12 Denke dir 12 Minusaufgaben aus. Das Ergebnis soll 31 sein.
Schreibe sie auf.

Datum:

13 Rechne und setze fort.

59 – 3 = ☐	29 – 7 = ☐	78 – 6 = ☐
58 – 3 = ☐	28 – 6 = ☐	68 – 5 = ☐
57 – 3 = ☐	27 – 5 = ☐	58 – 4 = ☐
☐ – ☐ = ☐	☐ – ☐ = ☐	☐ – ☐ = ☐
☐ – ☐ = ☐	☐ – ☐ = ☐	☐ – ☐ = ☐

Datum:

14 Denke dir 12 Aufgaben aus, die man mit dem Trick „Zwerg- und Riesenaufgaben“ rechnen kann.

Datum:

15 Rechne zuerst zurück zum Zehner und dann weiter.

25 – 6
25 – 5 – 1 = ☐

43 – 5
43 – ☐ – ☐ = ☐

72 – 4
72 – ☐ – ☐ = ☐

37 – 9
☐ – ☐ – ☐ = ☐

84 – 6
☐ – ☐ – ☐ = ☐

61 – 2
☐ – ☐ – ☐ = ☐

52 – 3
☐ – ☐ – ☐ = ☐

35 – 8
☐ – ☐ – ☐ = ☐

26 – 9
☐ – ☐ – ☐ = ☐

Datum:

16 Rechne zuerst zurück zum Zehner und dann weiter.

44 – 7
☐ – ☐ – ☐ = ☐

41 – 5
☐ – ☐ – ☐ = ☐

68 – 9
☐ – ☐ – ☐ = ☐

53 – 7
☐ – ☐ – ☐ = ☐

82 – 9
☐ – ☐ – ☐ = ☐

93 – 8
☐ – ☐ – ☐ = ☐

Datum:

17 Rechne geschickt.

25 −5 −3 = ☐   76 −6 −7 = ☐

45 −5 −2 = ☐   53 −3 −8 = ☐

56 −4 −6 = ☐   84 −7 −4 = ☐

34 −3 −4 = ☐   67 −7 −9 = ☐

Datum:

18 Rechne zuerst zurück zum Zehner.

32 − 6 = ☐
☐ − ☐ − ☐ = ☐

54 − 6 = ☐
☐ − ☐ − ☐ = ☐

83 − 7 = ☐
☐ − ☐ − ☐ = ☐

45 − 6 = ☐
☐ − ☐ − ☐ = ☐

92 − 9 = ☐
☐ − ☐ − ☐ = ☐

85 − 7 = ☐
☐ − ☐ − ☐ = ☐

74 − 8 = ☐
☐ − ☐ − ☐ = ☐

67 − 9 = ☐
☐ − ☐ − ☐ = ☐

Datum:

19 Rechne geschickt. Schreibe deinen Rechenweg auf.

31 − 5	62 − 7	46 − 8
44 − 6	82 − 5	74 − 9

Datum:

20 Schreibe 15 Aufgaben auf, die du mit dem 9er-Trick löst.

Datum:

21

27	52	48	65	93	85	79	–	5	9	2	7	3

Bilde Riesenaufgaben.

Bilde Aufgaben, die du mit dem 9er-Trick lösen kannst.

Bilde Aufgaben, die über den Zehner gehen.

Bilde Aufgaben, deren Ergebnis eine Zehnerzahl ist.

Datum:

22 Finde 15 Minusaufgaben mit dem Ergebnis 45.

Datum:

23 Rechne geschickt.

54 – 4 – 6 – 9 – 10 – 3 – 8 – 7 =

84 – 3 – 7 – 5 – 2 – 8 – 5 – 10 =

97 – 5 – 4 – 5 – 6 – 8 – 5 – 9 =

62 – 9 – 5 – 1 – 5 – 3 – 7 – 9 – 1 =

100 – 8 – 4 – 2 – 5 – 6 – 7 – 20 =

Datum:

24

–	5	20	6
37			
74			
65			

–	9	5	2
84			
76			
92			

–	7	9	8
29			
54			
63			

Datum:

25 Rechne.

23 – 7
87 – 9
54 – 8
32 – 4

89 – 40
35 – 20
91 – 80
74 – 30

94 – 9
83 – 5
51 – 7
87 – 6

Datum:

26 Rechne. Schreibe deinen Rechenweg auf.

49 – 23	59 – 32	97 – 55	58 – 43
66 – 41	38 – 14	79 – 58	87 – 65
48 – 22	76 – 35	53 – 21	99 – 69
53 – 12	89 – 26	87 – 44	64 – 33

Datum:

27 Rechne. Schreibe deinen Rechenweg auf.

84 – 14	39 – 14	76 – 35	64 – 25
49 – 22	46 – 29	64 – 28	82 – 18
73 – 39	61 – 29	45 – 26	65 – 36
74 – 19	81 – 54	94 – 48	83 – 56

Datum:

28 Rechne. Schreibe deinen Rechenweg auf.

75 – 13	62 – 25	36 – 18	56 – 15
78 – 13	69 – 25	36 – 25	56 – 39
72 – 19	64 – 38	63 – 28	57 – 31
78 – 19	63 – 27	66 – 38	56 – 32

Datum:

29 Rechne. Schreibe deinen Rechenweg auf.

67 – 43	58 – 33	78 – 19	92 – 63
54 – 27	56 – 27	75 – 36	94 – 48
67 – 28	87 – 56	73 – 49	86 – 48
52 – 38	67 – 54	74 – 59	84 – 16

Datum:

30 Halbiere.

60	30	50	26	90	42	38	86	72	94

Datum:

31 Rechne. Setze fort.

86 – 52 = ☐
76 – 42 = ☐
66 – 32 = ☐
☐ – ☐ = ☐
☐ – ☐ = ☐

71 – 12 = ☐
73 – 14 = ☐
75 – 16 = ☐
☐ – ☐ = ☐
☐ – ☐ = ☐

85 – 20 = ☐
80 – 25 = ☐
75 – 30 = ☐
☐ – ☐ = ☐
☐ – ☐ = ☐

Datum:

32 Rechne. Setze fort.

28 – 18 = ☐
37 – 17 = ☐
46 – 16 = ☐
☐ – ☐ = ☐
☐ – ☐ = ☐

81 – 79 = ☐
71 – 69 = ☐
61 – 59 = ☐
☐ – ☐ = ☐
☐ – ☐ = ☐

91 – 19 = ☐
82 – 28 = ☐
73 – 37 = ☐
☐ – ☐ = ☐
☐ – ☐ = ☐

Datum:

33

Welche Zahl muss ich von 68 subtrahieren, um 50 zu erhalten?

☐

Ich halbiere die 56 und subtrahiere 20.
Wie heißt die Zahl?

☐

Datum:

34 Entscheide: nah beieinander oder weit auseinander

89 – 87 = ☐ Die Zahlen sind ______.
75 – 31 = ☐ Die Zahlen sind ______.
62 – 59 = ☐ Die Zahlen sind ______.
92 – 26 = ☐ Die Zahlen sind ______.
56 – 23 = ☐ Die Zahlen sind ______.
44 – 38 = ☐ Die Zahlen sind ______.
37 – 19 = ☐ Die Zahlen sind ______.

Datum:

35 Löse die Aufgaben durch Ergänzen.

43 – 41	65 – 64	32 – 29	52 – 48
83 – 81	24 – 19	19 – 16	38 – 35
52 – 49	81 – 79	71 – 69	89 – 87
72 – 69	91 – 88	74 – 68	93 – 89

Datum:

36 Kreuze an, welche Aufgaben du durch Ergänzen löst. Rechne.

☐ 31 – 28	☐ 67 – 65	☐ 28 – 18
☐ 65 – 19	☐ 56 – 21	☐ 39 – 37
☐ 34 – 31	☐ 89 – 24	☐ 72 – 68
☐ 92 – 88	☐ 56 – 53	☐ 97 – 94
☐ 73 – 56	☐ 44 – 36	☐ 88 – 49
☐ 57 – 28	☐ 63 – 45	☐ 74 – 66

Datum:

37 Rechne halbschriftlich.

64 – 18	92 – 9	83 – 14
94 – 28	42 – 19	43 – 24
54 – 38	52 – 29	53 – 34
84 – 48	72 – 49	73 – 54
74 – 58	82 – 79	93 – 64

Datum:

38 Rechne halbschriftlich.

36 – 17	77 – 55	52 – 25	82 – 29
87 – 19	60 – 37	54 – 19	70 – 38
91 – 15	67 – 48	78 – 39	92 – 38
56 – 38	82 – 27	95 – 48	64 – 29

Datum:

39 Finde 15 Minusaufgaben mit dem Ergebnis 24.

Datum:

40 Rechne.

56 – 4	59 – 40	100 – 98
45 – 43	72 – 30	100 – 71
29 – 8	46 – 3	100 – 45
42 – 34	79 – 77	100 – 38

Datum:

41 Finde zwei Plusaufgaben und zwei Minusaufgaben.

Datum:

42 Rechne. Kontrolliere mit der Umkehraufgabe.

57 – 32 = ☐

81 – 25 = ☐

46 – 28 = ☐

63 – 19 = ☐

92 – 57 = ☐

ZE – ZE

Datum:

43

	16	
44	11	

40		
14	13	

71		
35		

70		
	55	
3		

78		
	48	
21		

89		
	36	

70		
	35	

68		
	34	

90		
	45	

Datum:

44

100		
	51	

100		
	19	

100		
38		

100		
	51	
		36

100		
	78	

100		
	20	

100		
14		

100		
	16	

100		
5		

Vom Plus zum Mal

Datum:

1

$\square + \square + \square + \square + \square = \square$

$\square \cdot \square = \square$

$\square + \square + \square = \square$

$\square \cdot \square = \square$

$\square + \square + \square + \square = \square$

$\square \cdot \square = \square$

$\square + \square + \square + \square + \square = \square$

$\square \cdot \square = \square$

$\square + \square + \square + \square = \square$

$\square \cdot \square = \square$

$\square + \square = \square$

$\square \cdot \square = \square$

$\square + \square + \square = \square$

$\square \cdot \square = \square$

$\square + \square + \square = \square$

$\square \cdot \square = \square$

Vom Plus zum Mal

Datum:

2 Schreibe die Plusaufgabe und die Malaufgabe auf.

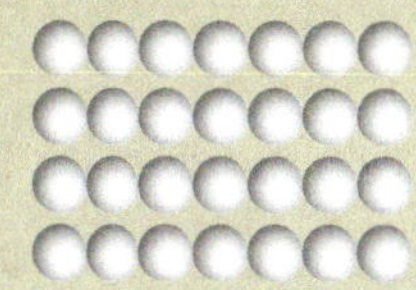

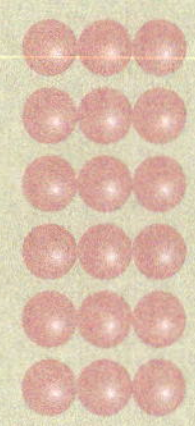

Datum:

3 Male die passende Aufgabe mit Punkten.

4 • 10	9 • 2	4 • 6
7 • 3	8 • 5	6 • 8

Vom Plus zum Mal

Datum:

4 Schreibe die Malaufgabe und die Tauschaufgabe auf. Rechne.

2 • 2	3 • 10	4 • 10	7 • 5
3 • 5	8 • 2	5 • 2	9 • 10
6 • 10	4 • 5	9 • 5	0 • 2

Datum:

5 Schreibe die Quadrataufgaben auf.

4 = ☐ • ☐	25 = ☐ • ☐	100 = ☐ • ☐
9 = ☐ • ☐	16 = ☐ • ☐	49 = ☐ • ☐
64 = ☐ • ☐	36 = ☐ • ☐	81 = ☐ • ☐

Datum:

6 Jette hat 6 CDs mit jeweils 10 Liedern.
Wie viele Lieder kann Jette hören?

Datum:

7 In einem Zoogehege laufen 5 Giraffen.
Wie viele Beine haben alle zusammen?

Drei Hunde gehen spazieren.
Jeder macht zwei Häufchen.
Wie viele Haufen haben sie gemacht?

Auf Planet Dixos leben 6 Bewohner mit 8 Augen.
Wie viele Augen sehen auf Dixos?

Datum:

8 Schreibe die Königsaufgaben und die Quadrataufgaben der 2er-Reihe und der 5er-Reihe auf. Lerne sie auswendig.

Datum:

9 2 oder 5? Setze richtig ein.

16 = 8 • ☐	30 = 6 • ☐	18 = 9 • ☐	35 = 7 • ☐
20 = 4 • ☐	6 = 3 • ☐	14 = 7 • ☐	45 = 9 • ☐
12 = 6 • ☐	40 = 8 • ☐	15 = 3 • ☐	10 = 5 • ☐

Datum:

10 Verbinde.

7 • 2 | 4 • 5 | 2 • 5 | 8 • 2 | 9 • 5 | 7 • 5

10 | 16 | 14 | 35 | 20 | 45

Datum:

11

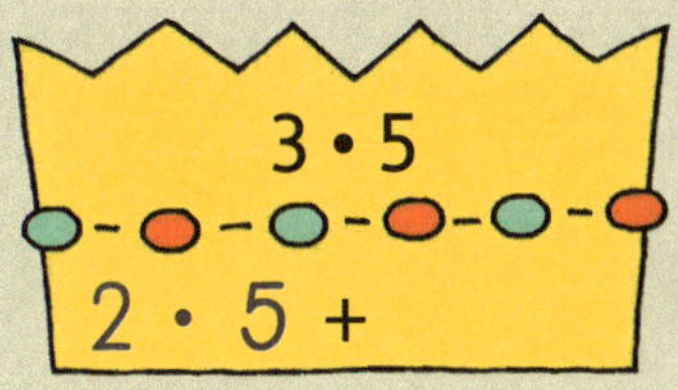

☐

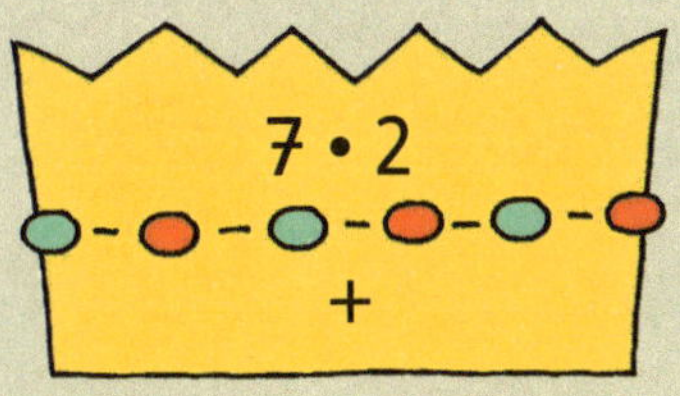

☐

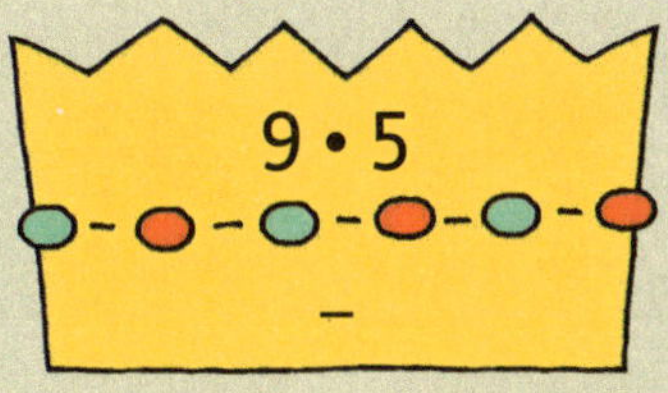

☐

Datum:

12 Hier kannst du die 1. Prüfung für dein Einmaleins-Diplom (S. 60) ablegen. Lerne in den nächsten zwei Tagen die Aufgaben der 2er-Reihe und 5er-Reihe auswendig. Lass dich abfragen.

Einmaleinsreihen: 4er- und 8er-Reihe

Datum:

13 Schreibe die Königsaufgaben und die Quadrataufgaben der 4er-Reihe und der 8er-Reihe auf. Lerne sie auswendig.

Datum:

14 Verbinde.

6 • 4	4 • 8	9 • 8	3 • 4	6 • 8	9 • 4
32	72	36	24	48	12

Datum:

15

4 • 8 = ☐	3 • 4 = ☐	6 • 4 = ☐	7 • 8 = ☐
3 • 8 = ☐	8 • 4 = ☐	0 • 4 = ☐	9 • 8 = ☐
6 • 8 = ☐	4 • 4 = ☐	9 • 4 = ☐	2 • 8 = ☐
5 • 8 = ☐	5 • 4 = ☐	2 • 4 = ☐	8 • 8 = ☐

Datum:

16

☐ • 8 = 24	☐ • 8 = 40	☐ • 4 = 28	☐ • 4 = 16
☐ • 4 = 24	☐ • 4 = 12	☐ • 8 = 48	☐ • 8 = 72
☐ • 8 = 64	☐ • 8 = 56	☐ • 4 = 36	☐ • 4 = 8

Datum:

17 Hier kannst du die 2. Prüfung für dein Einmaleins-Diplom (S. 60) ablegen. Lerne in den nächsten zwei Tagen die Aufgaben der 4er-Reihe und 8er-Reihe auswendig. Lass dich abfragen.

Einmaleinsreihen: 3er-, 6er- und 9er-Reihe

Datum:

18 Schreibe die Königsaufgaben und die Quadrataufgaben der 3er-Reihe, 6er-Reihe und der 9er-Reihe auf. Lerne sie auswendig.

Datum:

19 Schreibe die Ergebnisse der 3er-Reihe auf.

Schreibe die Ergebnisse der 6er-Reihe auf.

Schreibe die Ergebnisse der 9er-Reihe auf.

Markiere die gleichen Ergebnisse gelb, die in der 3er-, 6er- und 9er-Reihe vorkommen.

Datum:

20

$6 \cdot 9 =$	$4 \cdot 3 =$	$7 \cdot 6 =$	$8 \cdot 3 =$
$8 \cdot 6 =$	$3 \cdot 9 =$	$5 \cdot 3 =$	$6 \cdot 6 =$
$2 \cdot 9 =$	$3 \cdot 3 =$	$10 \cdot 9 =$	$9 \cdot 6 =$

Datum:

21

$12 = \square \cdot \square$	$30 = \square \cdot \square$	$72 = \square \cdot \square$	$42 = \square \cdot \square$
$9 = \square \cdot \square$	$18 = \square \cdot \square$	$45 = \square \cdot \square$	$27 = \square \cdot \square$

Datum:

22 Hier kannst du die 3. Prüfung für dein Einmaleins-Diplom (S. 60) ablegen. Lerne in den nächsten zwei Tagen die Aufgaben der 3er-Reihe, 6er-Reihe und 9er-Reihe auswendig. Lass dich abfragen.

Einmaleinsreihen: 7er-Reihe

Datum:

23 Schreibe die Königsaufgaben und die Quadrataufgaben der 7er-Reihe auf. Lerne sie auswendig.

Datum:

24

Wie viele Tage haben 3 Wochen?	☐ • ☐ = ☐
Wie viele Tage haben 6 Wochen?	☐ • ☐ = ☐
Wie viele Tage haben 5 Wochen?	☐ • ☐ = ☐
Wie viele Tage haben 9 Wochen?	☐ • ☐ = ☐
Wie viele Tage haben 2 Wochen?	☐ • ☐ = ☐
Wie viele Tage haben 4 Wochen?	☐ • ☐ = ☐
Wie viele Tage haben 7 Wochen?	☐ • ☐ = ☐
Wie viele Tage haben 8 Wochen?	☐ • ☐ = ☐
Wie viele Tage haben 10 Wochen?	☐ • ☐ = ☐

Datum:

25

21 = 7 • ☐	35 = 7 • ☐	42 = 7 • ☐	14 = 7 • ☐
28 = 7 • ☐	70 = 7 • ☐	7 = 7 • ☐	49 = 7 • ☐
56 = 7 • ☐	0 = 7 • ☐	63 = 7 • ☐	

Datum:

26 Hier kannst du die 4. Prüfung für dein Einmaleins-Diplom (S. 60) ablegen.
Lerne die Aufgaben der 7er-Reihe auswendig.
Lass dich abfragen.

Einmaleinsreihen

Datum:

27

•	3	6	8	5	1
4					
7					
9					

•	4	9	2	10	7
6					
3					
8					

Datum:

28 Schreibe zu den Ergebnissen die passende Malaufgabe auf.

35 21 15 42 81 72 56 63

Datum:

29 >, <, = ?

4 • 4 □ 5 • 3	3 • 10 □ 5 • 6	7 • 4 □ 9 • 3
4 • 6 □ 3 • 7	8 • 6 □ 9 • 7	3 • 8 □ 6 • 4
6 • 3 □ 2 • 8	5 • 2 □ 3 • 3	8 • 5 □ 6 • 7
3 • 4 □ 5 • 4	10 • 10 □ 9 • 8	0 • 3 □ 4 • 0

Datum:

30

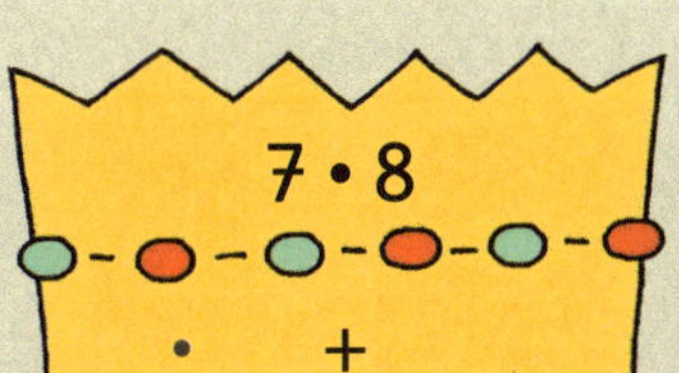

□

□

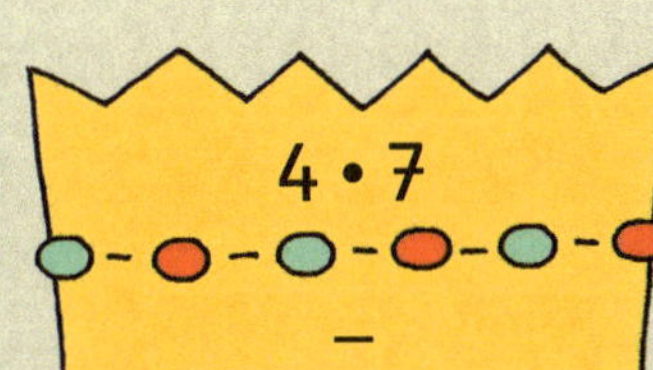

□

Einmaleinsreihen

Datum:

31 Rechne schnell.

4 • 5 = ☐	8 • 2 = ☐	7 • 8 = ☐	5 • 9 = ☐
2 • 4 = ☐	3 • 7 = ☐	6 • 4 = ☐	9 • 3 = ☐
8 • 6 = ☐	7 • 9 = ☐	4 • 7 = ☐	5 • 2 = ☐
3 • 3 = ☐	6 • 8 = ☐	9 • 4 = ☐	8 • 8 = ☐
4 • 5 = ☐	1 • 9 = ☐	2 • 3 = ☐	7 • 6 = ☐

Datum:

32

3 • 6 4 • 8	4 • 9 6 • 4	9 • 2 8 • 6
6 • 6 3 • 9	5 • 2 10 • 9	6 • 3 8 • 5
6 • 8 7 • 5	4 • 5 9 • 6	7 • 8 4 • 7

Einmaleinsreihen

Datum:

33 Erfinde eigene Plus-Mal-Bäume.

Datum:

34 Schreibe die Königsaufgaben aller Einmaleinsreihen auf.

Datum:

35 Schreibe alle Ergebnisse der 2er-, 3er-, 4er- und 5er-Reihe auf.

Datum:

36 Schreibe alle Ergebnisse der 6er-, 7er-, 8er- und 9er-Reihe auf.

Datum:

37 Hier kannst du die Abschlussprüfung für dein Einmaleins-Diplom (S. 60) ablegen. Lerne die Aufgaben aller Einmaleinsreihen. Lass dich abfragen.

Division

Datum:

38

Immer 8 Pflanzen werden in einem Karton verpackt.

☐ : ☐ = ☐

Es gibt ☐ Kartons mit Pflanzen.

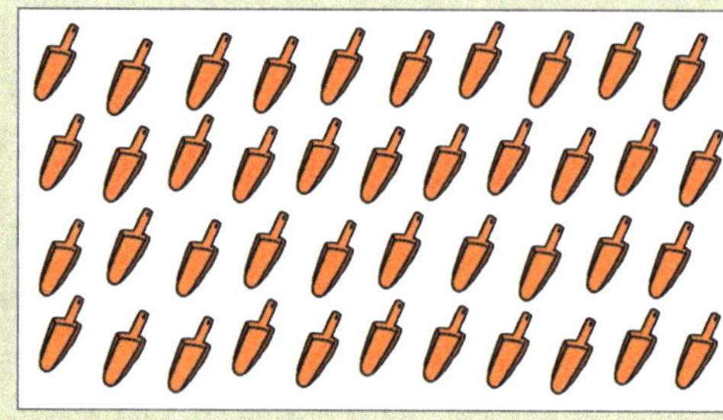

Verteile die Schaufeln an 7 Kinder.

☐ : ☐ = ☐

Jedes Kind bekommt ☐ Schaufeln.

Immer 6 Tomaten werden in eine Tüte gepackt.

☐ : ☐ = ☐

Es gibt ____________________

____

Verteile die Gießkannen an 9 Kinder.

☐ : ☐ = ☐

____

____

Datum:

39

16 : 4 = ☐	4 : 2 = ☐	36 : 6 = ☐	25 : 5 = ☐
9 : 3 = ☐	8 : 4 = ☐	49 : 7 = ☐	81 : 9 = ☐
1 : 1 = ☐	6 : 1 = ☐	80 : 8 = ☐	100 : 10 = ☐
21 : 7 = ☐	6 : 3 = ☐	32 : 4 = ☐	63 : 7 = ☐

Division

Datum:

40 Finde zwei Malaufgaben und zwei Geteiltaufgaben.

Division

Datum:

41

18 : 6 = ☐, denn ☐ · ☐ = ☐

45 : 5 = ☐, denn ☐ · ☐ = ☐

28 : 4 = ☐, denn ☐ · ☐ = ☐

63 : 7 = ☐, denn ☐ · ☐ = ☐

21 : 3 = ☐, denn ☐ · ☐ = ☐

32 : 8 = ☐, denn ☐ · ☐ = ☐

16 : 2 = ☐, denn ☐ · ☐ = ☐

54 : 9 = ☐, denn ☐ · ☐ = ☐

90 : 10 = ☐, denn ☐ · ☐ = ☐

Datum:

42 Rechne.

20 : 4	48 : 8	35 : 7	36 : 9
12 : 3	24 : 6	15 : 5	64 : 8
14 : 2	32 : 8	45 : 9	32 : 1
42 : 6	49 : 7	72 : 8	10 : 10

Datum:

43 Fülle die Tabelle aus.

Steckwürfel	Türme	Steckwürfel pro Turm
21	3	
14	7	
40	4	
18	9	
48	6	

Division

Datum:

44

16 26 41 56 32 35 49 69 77 45

Welcome Zahlen lassen sich durch 7 teilen?

56 : 7 =

Welche Zahlen lassen sich nicht durch 7 teilen?

16 : 7 = Rest

Datum:

45

43 : 5 = ☐ Rest ☐	29 : 3 = ☐ Rest ☐	30 : 7 = ☐ Rest ☐
22 : 6 = ☐ Rest ☐	27 : 4 = ☐ Rest ☐	28 : 6 = ☐ Rest ☐
11 : 2 = ☐ Rest ☐	49 : 9 = ☐ Rest ☐	37 : 8 = ☐ Rest ☐
13 : 3 = ☐ Rest ☐	67 : 8 = ☐ Rest ☐	67 : 9 = ☐ Rest ☐

Datum:

46

•					
7	56			42	
3		12			15
4			36		

•					
5	10			35	
9			36		72
8		48			

Einmaleins-Diplom

EINMALEINS

DIPLOM

Aufgaben der 2er- und 5er- Reihe

Prüfung abgelegt am: ______________________

Aufgaben der 4er- und 8er- Reihe

Prüfung abgelegt am: ______________________

Aufgaben der 3er-, 6er- und 9er- Reihe

Prüfung abgelegt am: ______________________

Aufgaben der 7er- Reihe

Prüfung abgelegt am: ______________________

Aufgaben aller Einmaleinsreihen

Prüfung abgelegt am: ______________________

__________________________ kann alle wichtigen Einmaleins-Aufgaben auswendig und bekommt am ______________________ das Einmaleins-Diplom überreicht.

Herzlichen Glückwunsch!

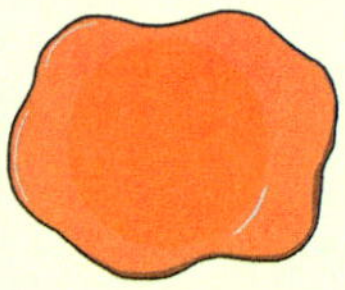

______________________ Datum

______________________ Unterschrift

Unser Geld

Datum:

1 Wie viel Geld ist im Sparschwein?

Datum:

2 Male auf.

50 €

32 €

27 €

54 ct

38 ct

79 ct

Datum:

3 Rechne.

12 € + 13 €	53 € – 20 €	20 ct + 17 ct
72 € + 24 €	35 € – 13 €	52 ct + 20 ct
5 € + 26 €	80 € – 52 €	30 ct + 42 ct

Unser Geld

Datum:

4

Ich habe	Ich kaufe	Ich bezahle	Ich bekomme zurück
50 ct		ct	ct
40 €		€	€
25 €		€	€
50 €		€	€

Datum:

5 Bezahle mit möglichst wenig Scheinen und Münzen.

26 €	72 €	59 €
28 ct	42 ct	87 ct
24,50 €	71,70 €	35,80 €

Messen

Datum:

1 Miss die Strecken. Schreibe die Länge auf.

Datum:

2 Zeichne die Strecken. Benutze ein Lineal.

5 cm 7 cm 4 cm

9 cm 14 cm 11 cm

12 cm 8 cm 2 cm

Datum:

3 Vervollständige die Sätze.

Ein Meter sind ___ Zentimeter. Die Abkürzung für Meter ist ___.

Die Abkürzung für Zentimeter ist ___.

Datum:

4 Ordne die Längen zu. Verbinde.

67 cm | 1 m 80 cm | 1 m 40 cm | 1 m 69 cm | 1 m 15 cm | 1 m 60 cm

Die Uhr

Datum:

1 Wie spät ist es?

   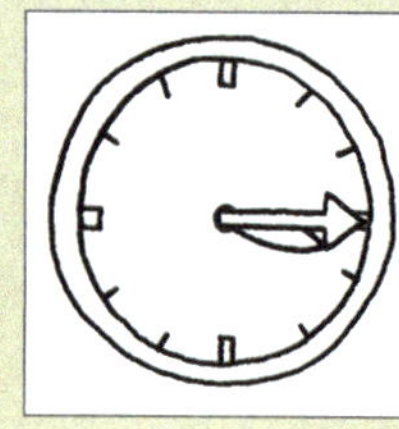 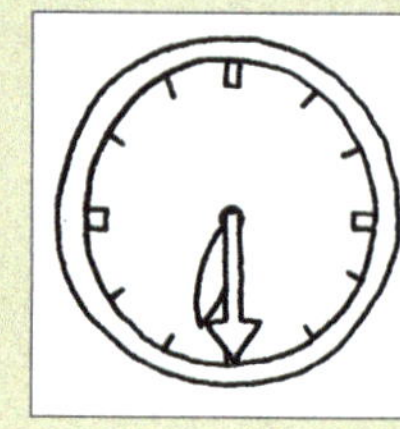

Uhr Uhr Uhr Uhr Uhr

Uhr Uhr Uhr Uhr Uhr

Datum:

2 Verbinde.

Es ist viertel nach neun.

Es ist zwölf Uhr.

Es ist halb drei.

Es ist viertel vor sechs.

 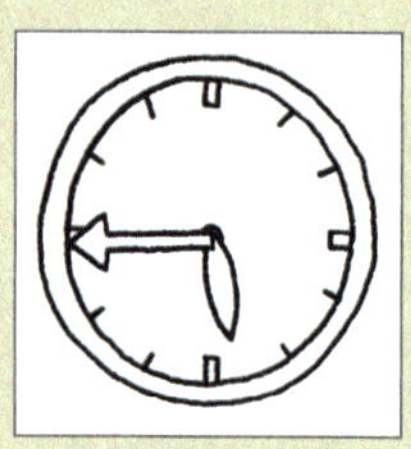 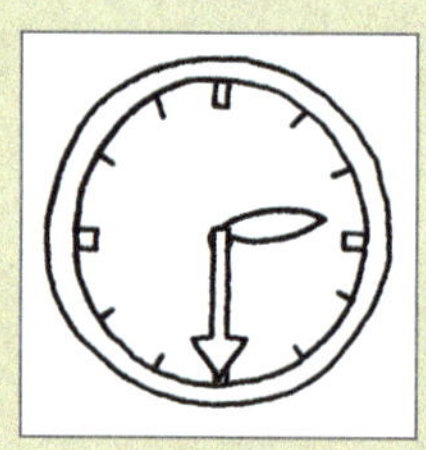 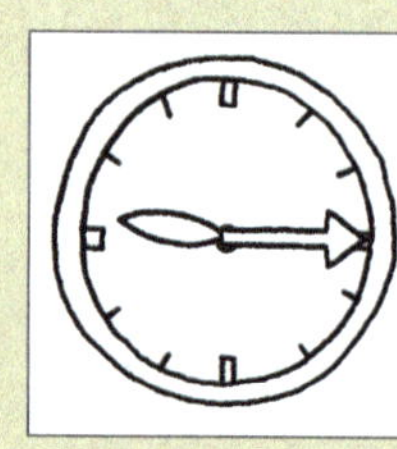

Datum:

3 Wie spät ist es?

Beginn Dauer Ende Beginn Dauer Ende

6 Stunden →

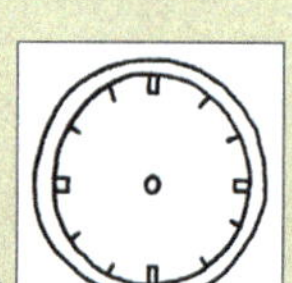

8 Stunden →

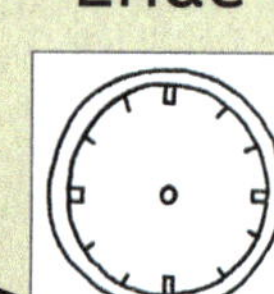

Uhr Uhr Uhr Uhr